读懂『两山』理念

DUDONG LIANGSHAN I

本书编写组 编

浙江人民出版社

图书在版编目（CIP）数据

读懂“两山”理念 /《读懂“两山”理念》编写组编.
—杭州 ：浙江人民出版社，2019.9
ISBN 978-7-213-09435-4

Ⅰ. ①读…　Ⅱ. ①读…　Ⅲ. ①生态环境建设-中国-普及读物　Ⅳ. ①X321.2-49

中国版本图书馆 CIP 数据核字(2019)第 184705 号

读懂“两山”理念

本书编写组　编

出版发行	浙江人民出版社(杭州市体育场路 347 号　邮编　310006) 市场部电话：(0571)85061682　85176516
责任编辑	王　芸
责任校对	杨　帆
封面设计	大漠照排
电脑制版	杭州大漠照排印刷有限公司
印　　刷	浙江印刷集团有限公司
开　　本	880 毫米 ×1230 毫米　1/64
印　　张	1.25
字　　数	19 千字
版　　次	2019 年 9 月第 1 版
印　　次	2019 年 9 月第 1 次印刷
书　　号	ISBN 978-7-213-09435-4
定　　价	6.80 元

共谋绿色生活
共建美丽家园

（二〇一九年四月二十八日）

锦绣中华大地，是中华民族赖以生存和发展的家园，孕育了中华民族5000多年的灿烂文明，造就了中华民族天人合一的崇高追求。

现在，生态文明建设已经纳入中国国家发展总体布局，建设美丽中国已经成为中国人民心向往之的奋斗目标。中国生态文明建设进入了快车道，天更蓝、山更绿、水更清将不断展现在世人面前。

纵观人类文明发展史，生态兴则文明兴，生态衰则文明衰。工业化进程创造了前所未有的物质财富，也产生了难以弥补的生态创伤。杀鸡取卵、竭泽而渔的发展方式走到了尽头，顺应自然、保护生态的绿色发展昭示着未来。

仰望夜空，繁星闪烁。地球是全人类赖以生存的唯一家园。我们要像保护自己的眼睛一样保护生态环境，像对待生命一样对待生态环境，同筑生态文明之基，同走绿色发展之路！

——我们应该追求人与自然和谐。山峦层林尽染，平原蓝绿交融，城乡鸟语花香。这样的自然美景，既带给人们美的享受，也是人类走向未来的依托。无序开发、粗暴掠夺，人类定会遭到大自然的无情报复；合理利用、友好保护，人类必将获得大自然的慷慨回报。我们要维持地球生态整体平衡，让子孙后代既能享有丰富的物质财富，又能遥望星空、看见青山、闻到花香。

——我们应该追求绿色发展繁荣。

绿色是大自然的底色。我一直讲,绿水青山就是金山银山,改善生态环境就是发展生产力。良好生态本身蕴含着无穷的经济价值,能够源源不断创造综合效益,实现经济社会可持续发展。

——我们应该追求热爱自然情怀。“取之有度,用之有节”,是生态文明的真谛。我们要倡导简约适度、绿色低碳的生活方式,拒绝奢华和浪费,形成文明健康的生活风尚。要倡导环保意识、生态意识,构建全社会共同参与的环境治理体系,让生态环保思想成为社会生活中的主流文化。要倡导尊重自然、爱护自然的绿色价值观念，让天蓝地绿水清深入人心，形成深刻的人文情怀。

——我们应该追求科学治理精神。生态治理必须遵循规律，科学规划，因地制宜，统筹兼顾，打造多元共生的生态系统。只有赋之以人类智慧，地球家园才会充满生机活力。生态治理，道阻且长，行则将至。我们既要有只争朝夕的精神，更要有持之以恒的坚守。

——我们应该追求携手合作应对。建设美丽家园是人类的共同梦想。面对生态环境挑战，人类是一荣俱荣、一损俱损的命运共同体，没有哪个国家能独善其身。唯有携手合作，我们才能有效应对气候变化、海洋污染、生物保护等全球性环境问题，实现联合国2030年可持续发展目标。只有并肩同行，才能让绿色发展理念深入人心、全球生态文明之路行稳致远。

——摘自习近平同志在2019年中国北京世界园艺博览会开幕式上的讲话

目 录

contents

一、“两山”理念提出的历史背景

"两山"理念即"绿水青山就是金山银山"的发展理念。在2016年二十国集团工商峰会上,习近平总书记指出:"绿水青山就是金山银山,保护环境就是保护生产力,改善环境就是发展生产力。这个朴素的道理正得到越来越多人们的认同。"

2002年10月,习近平同志从福建省调往浙江省工作,先后担任省委副书记、代省长和省委书记等职务。此时的浙江，经过改革开放20多年的发展，已经积累了雄厚的物质基础，也创造了多方面的优势，如民营经济体制机制优势、块状特色产业优势等。但是，浙江企业技术创新能力较弱、总体规模偏小，特别是在重化工业、装备制造业、高新技术产业等资本及技术密集型产业方面相对薄弱。20多年的高速增长，主要是依靠劳动力、资本、资源等要素投入的不断增加实现的，总体上是一种投资驱动型的增长方式。这种粗放型的增长方式，遇到了“成长中的烦恼”，资源需求的无限性与资源供给的有限性以及资源利用效率不高的矛盾十分尖锐。如果沿袭这种粗放型的增长方式,不但资源无法满足,环境难以承受,全面建设小康社会和提前基本实现现代化的目标也难以实现。

习近平同志面对浙江经济高速发展和自然环境承载能力下降的局面,始终保持清醒不冒进,反复向全省干部和群众说明"绿水青山就是金山银山",多次告诫干部和群众在经济发展与自然环境发生矛盾时,"宁要绿水青山,不要金山银山"。

2003 年 10 月 11 日,习近平同志在与浙江省委党校部分学员座谈时指出,环境保护和生态建设,早抓事半功倍，晚抓事倍功半，越晚越被动。那种只顾眼前、不顾长远的发展，那种要钱不要命的发展，那种先污染后治理、先破坏后恢复的发展，再也不能继续下去了。

2005年3月1日，习近平同志在全省人口资源环境工作座谈会上又强调，如果生态环境受到严重破坏、人们的生产生活环境恶化，如果资源能源供应高度紧张、经济发展与资源能源矛盾尖锐，人与人的和谐、人与社会的和谐是难以实现的。所以，无论是落实科学发展观，还是构建和谐社会，都绕不开人口资源环境问题，都要求我们必须科学认识和切实遵循自然界的客观规律。我们必须通过生态省建设,让人民群众喝上干净的水,呼吸上清洁的空气,吃上放心的食物;通过做好人口资源环境工作,让大自然休养生息,以更好地为人类服务,否则终将遭到自然界的报复。

2005 年 8 月 15 日,习近平同志来到浙江省湖州市安吉县天荒坪镇余村村考察调研,首次明确提出了"绿水青山就是金山银山"的发展理念。在余村的小会议室里,他与干部群众座谈,得知村里下决心关停矿山和水泥厂、走绿色发展之路的做法后,给予了高

度肯定，称赞他们的做法是高明之举。他说：“生态资源是最宝贵的资源，不要以牺牲环境为代价来推动经济增长，这样的经济增长不是发展。”“一定不要再想着走老路，还是迷恋着过去的那种发展模式。所以，刚才你们讲了，下决心停掉一些矿山，这个都是高明之举。绿水青山就是金山银山。我们过去讲既要绿水青山，又要金山银山，实际上绿水青山就是金山银山。”“要坚定不移地走自己的路，要有所得，有所失……在鱼和熊掌不可兼得的时候，要知道放弃，要知道选择。”

2005 年 8 月 24 日，习近平同志在

《浙江日报》"之江新语"专栏发表了《绿水青山也是金山银山》的短论，文章指出：我们追求人与自然的和谐，经济与社会的和谐，通俗地讲，就是既要绿水青山，又要金山银山。我省"七山一水两分田"，许多地方"绿水逶迤去，青山相向开"，拥有良好的生态优势。如果能够把这些生态环境优势转化为生态农业、生态工业、生态旅游等生态经济的优势，那么绿水青山也就变成了金山银山。绿水青山可带来金山银山，但金山银山却买不到绿水青山。绿水青山与金山银山既会产生矛盾，又可辩证统一。在鱼和熊掌不可兼得的情况下，我们必须懂得机会成本，善于选择，学会扬弃，做到有所为、有所不为，坚定不移地落实科学发展观，建设人与自然和谐相处的资源节约型、环境友好型社会。在选择之中，找准方向，创造条件，让绿水青山源源不断地带来金山银山。

因此，“两山”理念是基于保护生态环境与发展生产力这对现实矛盾提出的，体现了直面生态危机的问题意识、勇于攻坚克难的责任担当。在“绿水青山就是金山银山”这条奔向绿色发展目标的道路上，浙江省委进一步加深对“两山”理念的准确解读和实践运用，为美丽中国谋划浙江模式，树立浙江标杆。

——综合摘自《干在实处　走在前列——推进浙江新发展的思考与实践》（中共中央党校出版社2006年版）、《之江新语》（浙江人民出版社2007年版）、《习近平谈治国理政（第二卷）》（外文出版社2017年版）、《习近平关于社会主义生态文明建设论述摘编》（中央文献出版社2017年版）、《理论自信与浙江实践》（浙江人民出版社2017年版）

二、对“两座山”关系的认识过程

习近平同志多次阐述人们对"绿水青山"和"金山银山"这"两座山"关系的认识过程。早在2003年8月8日，他在《浙江日报》"之江新语"专栏发表《环境保护要靠自觉自为》的短论中指出："像所有的认知过程一样，人们对环境保护和生态建设的认识，也有一个由表及里、由浅入深、由自然自发到自觉自为的过程。'只要金山银山，不管绿水青山'，只要经济，只重发展，不考虑环境，不考虑长远，‘吃了祖宗饭，断了子孙路’而不自知，这是认识的第一阶段；虽然意识到环境的重要性，但只考虑自己的小环境、小家园而不顾他人，以邻为壑，有的甚至将自己的经济利益建立在对他人环境的损害上，这是认识的第二阶段；真正认识到生态问题无边界，认识到人类只有一个地球，地球是我们的共同家园，保护环境是全人类的共同责任，生态建设成为自觉行动，这是认识的第三阶段。”

2006 年 3 月 8 日，习近平同志在中国人民大学的一次演讲中，进一步阐述了人们对"绿水青山"与"金山银山"这"两座山"关系的认识过程。他说:"人们在实践中对绿水青山和金山银山这'两座山'之间关系的认识经过了三个阶段:第一个阶段是用绿水青山去换金山银山,不考虑或者很少考虑环境的承载能力,一味索取资源。第二个阶段是既要金山银山,但是也要保住绿水青山,这时候经济发展和资源匮乏、环境恶化之间的矛盾开始凸显出来,人们意识到环境是我们生存发展的根本,要留得青山在,才能有柴烧。第三个阶段是认识到绿水青山可以源源不断地带来金山银山,绿水青山本身就是金山银山，我们种的常青树就是摇钱树，生态优势变成经济优势，形成了一种浑然一体、和谐统一的关系，这一阶段是一种更高境界，体现了科学发展观的要求，体现了发展循环经济、建设资源节约型和环境友好型社会的理念。以上这三个阶段，是经济增长方式转变的过程，是发展观念不断进步的过程，也是人和自然关系不断调整、趋向和谐的过程。”

2006 年 3 月 23 日，习近平同志在《浙江日报》“之江新语”专栏发表《从“两座山”看生态环境》的短论，再次论述了“两座山”关系的三个认识阶段。

"两座山"的形象比喻,系统阐述了经济发展与生态保护的辩证关系,把握住了经济发展和生态发展规律。"两山"理念破解了经济发展与环境保护之间的尖锐矛盾,体现了经济发展与环境保护的统一论,蕴含了生态优势向经济优势的转化论,实际上回答了发展什么、保护什么,如何发展和如何保护等深层次问题。生态文明建设的核心内容是解决发展方式转变的问题,是实现产业生态化、消费绿色化、资源节约化。因此,"两山"理念是生态文明建设的形象和辩证表达。浙江发展的实践表明,只有坚持"绿水青山就是金山银山”的发展理念，才是可持续发展的希望之路。在环境经济学上，有一条“环境库兹涅茨曲线”——经济越发展，环境污染越严重。而安吉余村的变化，正是对这条曲线的超越，生动展示了“两山”理念巨大的理论力量和实践成果。

——综合摘自《之江新语》（浙江人民出版社2007年版）、《干在实处走在前列——推进浙江新发展的思考与实践》（中共中央党校出版社2006年版）、《八八战略》（浙江人民出版社2018年版）

三、十八大以来关于“两山”理念的深化阐述

党的十八大以来，我们党围绕生态文明建设提出一系列新理念新思想新战略，开展一系列根本性、开创性、长远性工作，生态文明理念日益深入人心。习近平总书记在多个场合多次阐述"两山"理念，把生态文明建设作为统筹推进"五位一体"总体布局和协调推进"四个全面"战略布局的重要内容，明确要求各地区各部门树立"绿水青山就是金山银山"的强烈意识，努力走向社会主义生态文明新时代。

2013年4月10日，习近平总书记在海南考察时强调：良好生态环境是最公平的公共产品，是最普惠的民生福祉。对人的生存来说，金山银山固然重要，但绿水青山是人民幸福生活的重要内容，是金钱不能代替的。

2013年11月9日，习近平总书记在党的十八届三中全会上作关于《中共中央关于全面深化改革若干重大问题的决定》的说明时专门指出，我们要认识到，山水林田湖是一个生命共同体，人的命脉在田，田的命脉在水，水的命脉在山，山的命脉在土，土的命脉在树。

2013年12月12日，习近平总书记在中央城镇化工作会议上讲话指出，要让城市融入大自然，不要花大气力去劈山填海，很多山城、水城很有特色，完全可以依托现有山水脉络等独特风光，让居民望得见山、看得见水、记得住乡愁。

2014年3月7日，习近平总书记在参加十二届全国人大二次会议贵州代表团审议时指出，既要绿水青山，也要金山银山；绿水青山就是金山银山。绿水青山和金山银山决不是对立的，关键在人，关键在思路。为什么说绿水青山就是金山银山？“鱼逐水草而居，鸟择良木而栖。”如果其他各方面条件都具备，谁不愿意到绿水青山的地方来投资、来发展、来工作、来生活、来旅游？从这一意义上说，绿水青山既是自然财富，又是社会财富、经济财富。正确处理好生态环境保护和发展的关系，也就是我说的绿水青山和金山银山的关系，是实现可持续发展的内在要求，也是我们推进现代化建设的重大原则。

2014年9月28日，习近平总书记在中央民族工作会议上讲话指出，许多民族地区地处大江大河上游，是中华民族的生态屏障，开发资源一定要注意惠及当地、保护生态，决不能一挖了之，决不能为一时发展而牺牲生态环境。要把眼光放长远些，坚持加强生态保护和环境整治、加快建立生态补偿机制、严格执行节能减排考核“三管齐下”，做到既要金山银山、更要绿水青山，保护好中华民族永续发展的本钱。

2015 年 3 月 24 日，习近平总书记主持召开中央政治局会议，正式把“坚持绿水青山就是金山银山”写进《关于加快推进生态文明建设的意见》，成为我国社会主义生态文明建设的重要指导思想。

2015年12月20日，习近平总书记参加中央城市工作会议时讲话指出，城市发展不仅要追求经济目标，还要追求生态目标、人与自然和谐的目标，树立“绿水青山也是金山银山”的意识，强化尊重自然、传承历史、绿色低碳等理念，将环境容量和城市综合承载能力作为确定城市定位和规模的基本依据。

2016年1月18日，习近平总书记在省部级主要领导干部学习贯彻党的十八届五中全会精神专题研讨班上讲话指出，环境就是民生，青山就是美丽，蓝天也是幸福，绿水青山就是金山银山；保护环境就是保护生产力，改善环境就是发展生产力。在生态环境保护上，一定要树立大局观、长远观、整体观，不能因小失大、顾此失彼、寅吃卯粮、急功近利。各级领导干部对保护生态环境务必坚定信念，坚决摒弃损害甚至破坏生态环境的发展模式和做法，决不能再以牺牲生态环境为代价换取一时一地的经济增长。要坚定推进绿色发展，推动自然资本大量增值，让良好生态环境成为人民生活的增长点、成为展现我国良好形象的发力点，让老百姓呼吸上新鲜的空气、喝上干净的水、吃上放心的食物、生活在宜居的环境中、切实感受到经济发展带来的实实在在的环境效益，让中华大地天更蓝、山更绿、水更清、环境更优美，走向生态文明新时代。

2017 年 5 月 26 日，习近平总书记在十八届中央政治局第四十一次集体学习时讲话指出，如果经济发展了，但生态破坏了、环境恶化了，大家整天生活在雾霾中，吃不到安全的食品，喝不到洁净的水，呼吸不到新鲜的空气，居住不到宜居的环境，那样的小康、那样的现代化不是人民希望的。所以，我们必须把生态文明建设摆在全局工作的突出地位，既要金山银山，也要绿水青山，努力实现经济社会发展和生态环境保护协同共进。

2017年10月18日，中国共产党第十九次全国代表大会在北京召开，习近平总书记代表第十八届中央委员会向大会作了《决胜全面建成小康社会 夺取新时代中国特色社会主义伟大胜利》的报告，报告在论述新时代坚持和发展中国特色社会主义的十四条基本方略时，提出了"坚持人与自然和谐共生"的方略，并强调指出："必须树立和践行绿水青山就是金山银山的理念，坚持节约资源和保护环境的基本国策,像对待生命一样对待生态环境,统筹山水林田湖草系统治理,实行最严格的生态环境保护制度,形成绿色发展方式和生活方式,坚定走生产发展、生活富裕、生态良好的文明发展道路,建设美丽中国,为人民创造良好生产生活环境,为全球生态安全作出贡献。”这是“两山”理念第一次被写进全国党代会报告。

随后新修改的《中国共产党章程》总纲中也增加了“树立尊重自然、顺应自然、保护自然的生态文明理念,增强绿水青山就是金山银山的意识,坚持节约资源和保护环境的基本国策,坚持节约优先、保护优先、自然恢复为主的方针，坚持生产发展、生活富裕、生态良好的文明发展道路。着力建设资源节约型、环境友好型社会，实行最严格的生态环境保护制度，形成节约资源和保护环境的空间格局、产业结构、生产方式、生活方式，为人民创造良好生产生活环境，实现中华民族永续发展”的内容。自此，“绿水青山就是金山银山”成为中国共产党的重要执政理念之一。

2018 年 5 月 18 日，习近平总书记出席全国生态环境保护大会并作重要讲话，讲话中明确提出了生态文明建设必须坚持的六项重要原则，即坚持人与自然和谐共生；绿水青山就是金山银山；良好生态环境是最普惠的民生福祉；山水林田湖草是生命共同体；用最严格制度最严密法治保护生态环境；共谋全球生态文明建设。

他强调：绿水青山就是金山银山。这是重要的发展理念，也是推进现代化建设的重大原则。绿水青山就是金山银山，阐述了经济发展和生态环境保护的关系，揭示了保护生态环境就是保护生产力、改善生态环境就是发展生产力的道理，指明了实现发展和保护协同共生的新路径。绿水青山既是自然财富、生态财富，又是社会财富、经济财富。保护生态环境就是保护自然价值和增值自然资本，就是保护经济社会发展潜力和后劲，使绿水青山持续发挥生态效益和经济社会效益。

"绿水青山就是金山银山"作为重要的发展理念和生态文明建设必须坚持的六项重要原则之一，为我国新时代推进生态文明建设指明了方向。

——综合摘自《决胜全面建成小康社会　夺取新时代中国特色社会主义伟大胜利——在中国共产党第十九

次全国代表大会上的报告》(人民出版社2017年版)、《中国共产党章程》(人民出版社2017年版)、《推动我国生态文明建设迈上新台阶》(《求是》2019年第3期)、《深入理解新发展理念》(《求是》2019年第10期)、《从生态省建设到美丽中国建设》(《浙江日报》2018年7月26日)、《习近平新时代中国特色社会主义思想学习纲要》(学习出版社、人民出版社2019年版)、《习近平关于社会主义生态文明建设论述摘编》(中央文献出版社2017年版)

四、“两山”理念走向世界

2013年9月7日，习近平总书记在哈萨克斯坦纳扎尔巴耶夫大学发表题为《弘扬人民友谊　共创美好未来》的重要演讲，并在回答学生提出的关于环境保护问题时指出，中国明确把生态环境保护摆在更加突出的位置。我们既要绿水青山，也要金山银山。宁要绿水青山，不要金山银山，而且绿水青山就是金山银山。我们绝不能以牺牲生态环境为代价换取经济的一时发展。我们提出了建设生态文明、建设美丽中国的战略任务，给子孙留下天蓝、地绿、水净的美好家园。这一回答是习近平总书记第一次在国际场合阐述“绿水青山就是金山银山”的理念。

2016年5月26日，联合国环境规划署在第二届联合国环境大会期间发布《绿水青山就是金山银山：中国生态文明战略与行动》的报告，该报告系统总结了中国生态文明建设的指导原则、基本理念和政策举措，旨在向国际社会介绍中国推动生态文明建设的做法和经验，为其他国家尤其是发展中国家提供可持续发展的路径借鉴。

2019年6月5日，国家主席习近平向世界环境日全球主场活动致贺信。他在贺信中强调，中国高度重视生态环境保护，秉持绿水青山就是金山银山的重要理念，倡导人与自然和谐共生，把生态文明建设纳入国家发展总体布局，努力建设美丽中国，取得显著进步。面向未来，中国愿同各方一道，坚持走绿色发展之路，共筑生态文明之基，全面落实2030年议程，保护好人类赖以生存的地球家园，为建设美丽世界、构建人类命运共同体作出积极贡献。

2019年6月7日，第二十三届圣

彼得堡国际经济论坛全会在圣彼得堡举行，中国国家主席习近平出席并发表题为《坚持可持续发展　共创繁荣美好世界》的致辞。他在致辞中强调：我们要坚持绿色发展，致力构建人与自然和谐共处的美丽家园。俄罗斯著名作家陀思妥耶夫斯基有句名言：“美能拯救世界。”为子孙后代留下碧水蓝天的美丽世界是我们义不容辞的责任。中国的发展绝不会以牺牲环境为代价。我们将秉持绿水青山就是金山银山的发展理念，坚决打赢蓝天、碧水、净土三大保卫战，鼓励发展绿色环保产业，大力发展可再生能源，促进资源节约集约和循环利用。我们也将在对外合作中更加注重环保和生态文明，同各方携手应对全球气候变化、生物多样保护等迫切问题，落实好应对气候变化《巴黎协定》等国际社会共识。

——综合摘自《“两山”重要思想在浙江的实践研究》（浙江人民出版社2017年版）、《坚持可持续发展　共创繁荣美好世界——在第二十三届圣彼得堡国际经济论坛全会上的致辞》（《人民日报》2019年6月8日）

五、“两山”理念的浙江实践

浙江省自2002年召开第十一次党代会以来，全省上下自觉践行“两山”理念，将生态文明建设融入经济社会发展的方方面面，坚持一张蓝图绘到底，一任接着一任干，全省经济发展与生态质量提升实现良性互动，绿色发展理念逐步深入人心，省域山水林田湖草的“生命共同体”基本形成。

始终保持战略定力

浙江省践行“两山”理念经历了一

个从绿色浙江、生态省建设、"两美"浙江[1]建设到高质量建设美丽浙江的战略引领和深化过程。

2002年6月，浙江省第十一次党代会提出：建设"绿色浙江"是我省实现可持续发展的大事，必须从全局利益和长远发展出发，把发展绿色产业、加强环境保护和生态建设，放在更加突出的位置。2002年12月18日召开的浙江省委十一届二次全体(扩大)会议提出，要以建设生态省为重要载体

① "两美"浙江即建设美丽浙江、创造美好生活。

和突破口，加快建设“绿色浙江”，努力实现人口、资源、环境协调发展。2003年7月，浙江省委十一届四次全体（扩大）会议召开，时任省委书记习近平同志在代表省委所作的报告中明确提出“八八战略”，即进一步发挥八个方面优势，推进八个方面举措。其中的重要内容之一，就是“进一步发挥浙江的生态优势，创建生态省，打造‘绿色浙江’”。自此，生态省建设成为浙江生态文明建设的主基调和主旋律。

2007年6月，浙江省第十二次党代会为贯彻落实科学发展观、全面建设小康社会，提出“创业富民、创新强省”重大战略决策，部署“全面小康六大行动计划”，内容主要涉及自主创新能力提升、重大项目建设、资源节约与环境保护、基本公共服务均等化、低收入群众增收、公民权益依法保障等方方面面，这是一个系统工程，有力推动浙江转型升级，使区域可持续发展能力不断提升。2010 年 6 月，浙江省委十二届七次全会通过《中共浙江省委关于推进生态文明建设的决定》，进一步提出要坚持生态省建设方略、走生态立省之路，大力发展生态经济，不断优化生态环境，注重建设生态文化，着力完善体制机制，加快形成节约能源资源和保护生态环境的产业结构、增长方式和消费模式，打造“富饶秀美、和谐安康”的生态浙江，努力实现经济社会可持续发展，不断提高浙江人民的生活品质。

2012年6月，浙江省第十三次党代会根据中央“三步走”战略和东部地区率先发展要求，适应浙江发展阶段新变化，顺应浙江人民过上更加美好生活的新期待，确立了建设物质富裕精神富有的现代化浙江的奋斗目标，并且将“坚持生态立省方略，加快建设生态浙江”作为“两富”浙江建设的重要任务，在加快创新驱动，打出转型升级系列组合拳，大力发展美丽经济、再创体制机制新优势等方面持续发力，努力为美丽中国建设提供“浙江经验”。2014年5月，浙江省委十三届五次全会作出《中共浙江省委关于建设美丽浙江创造美好生活的决定》，指出：建设美丽浙江、创造美好生活，是建设美丽中国在浙江的具体实践，也是对历届省委提出的建设绿色浙江、生态省、全国生态文明先行示范区等战略目标的继承和提升。

2017年6月，浙江省第十四次党代会明确提出，统筹推进富强浙江、法治浙江、文化浙江、平安浙江、美丽浙江、清廉浙江建设，要求深入践行“绿水青山就是金山银山”的重要思想，大力开展“811”美丽浙江建设行动，积极建设可持续发展议程创新示范区，推动形成绿色发展方式和生活方式，为人民群众创造良好生产生活环境。在提升生态环境质量上更进一步、更快一步，努力建设美丽浙江。

2018 年 6 月，浙江省生态环境保护大会提出，浙江作为“绿水青山就是金山银山”理念的发源地和率先实践地，要以习近平生态文明思想为指引，以“八八战略”实施 15 周年为新起点，坚持改革与法治两轮驱动，抓好“大规划、大花园、大创建”，加快构建生态文化体系、生态经济体系、目标责任体系、生态文明制度体系和生态安全体系，高标准推进生态文明建设，高质量建设美丽浙江，力争到 2035 年，美丽浙江全面建成，生态环境面貌根本改观，人民对优美生态的需要得到有效满足。

战略上的坚定，是浙江生态文明建设在内容上不断完善、在要求上不断升级的重要前提，也充分体现出坚定走好“绿水青山就是金山银山”之路的高度自觉和实践担当。

不断创新战略举措

在习近平同志的直接推动下，2003年1月，浙江省成为全国第5个生态省建设试点省份。2003年5月，浙江生态省建设工作领导小组正式成立，习近平同志亲自担任组长。此后，在他的亲自部署推动下，浙江省先后实施"千村示范、万村整治"工程、"811"环境污染整治行动和循环经济"991行动计划"。

2003年6月，浙江省首次召开"千村示范、万村整治"工作会议，习近平同志提出，用5年时间从全省近4万个村庄中，选择1万个行政村进行全面整治，把其中1000个中心村建设成为全面小康示范村。实践证明，“千村示范、万村整治”作为一项生态工程，既保护“绿水青山”，又带来“金山银山”，形成了经济生态化、生态经济化的良性循环。2008年，浙江省安吉县委、县政府在“千村示范、万村整治”工程的指引下，创造性地部署开展“中国美丽乡村”建设，计划用10年左右时间，把全县行政村建成“村村优美、家家创业、处处和谐、人人幸福”的美丽乡村。经过10余年努力，安吉实现了生态保护和经济发展的双赢，成为“中国美丽乡村”建设的成功样板。“吃水不忘挖井人，致富不忘党的恩。”2018年4月9日，浙江省安吉县黄杜村20名党员给习近平总书记写信，汇报了该村种植白茶致富的情况，并提出愿意捐赠1500万株茶苗帮助贫困地区群众脱贫。对此，习近平总书记作出重要指示强调，增强饮水思源、不忘党恩的意识，弘扬为党分忧、先富帮后富的精神，对于打赢脱贫攻坚战很有意义。

党的十八大以来，面对农村生产发展和环境保护的新形势、新问题，在党的乡村振兴战略引领下，“中国美丽乡村”建设走向全面综合系统的升级版。2018年4月，全国改善农村人居环境工作会议在浙江省安吉县召开。会议全面贯彻落实党的十九大精神，深入学习贯彻习近平总书记关于乡村振兴和改善农村人居环境的重要指示精神，认真落实李克强总理批示要求，进一步推广浙江“千村示范、万村整治”工程经验做法，全面部署改善农村人居环境各项任务。2018 年 9 月，“千村示范、万村整治”工程荣获联合国环境规划署颁发的“地球卫士奖”中的“激励与行动奖”。

从 2004 年开始，浙江省启动连续三轮的“811”环境污染整治行动，即在全省开展以八大水系和 11 个省级环境保护重点监管区为重点的环境污染整治行动。2004—2007 年，第一轮三年整治行动主要通过对重点流域、重点区域、重点行业和企业的整治，控制污染物排放总量，推进环保基础设施建设，强化环境执法和监测。第一轮三年整治行动开展后，全省环境污染和生态破坏趋势基本得到控制，突出的环境污染问题基本得到解决，在全国率先全面建成县以上城市污水、生活垃圾集中处理设施，率先建成环境质量和重点污染源自动监控网络。2008 年开始的"811"环境保护新三年行动，将污染治理与推进发展方式转变结合起来，确保完成“十一五”环保规划确定的各项目标任务，基本解决各地突出存在的环境污染问题，继续保持环境保护能力全国领先、生态环境质量全国领先。2011年启动的第三轮“811”行动，重点从全面推进环境保护转为立体推进生态文明建设，基本实现经济社会发展与资源环境承载力相适应，环境质量与民生改善相适应，生态省建设继续保持全国领先，生态文明建设走在全国前列。

2005年，浙江省出台《浙江省循环经济发展纲要》，提出实施循环经济“991行动计划”，将循环经济发展理念贯穿到经济发展、城乡建设和产品生产中，加快推动经济增长方式转变。

2012年浙江省第十三次党代会以来，浙江省委针对制约发展的一系列突出问题，打出了一套以治水为突破口，以浙商回归、“五水共治”[①]“三改一拆”[②]“四换三名”[③]“四边三化”[④]、小微

① “五水共治”即治污水、防洪水、排涝水、保供水、抓节水。

② “三改一拆”即旧住宅区、旧厂区、城中村改造和拆除违法建筑。

③ “四换三名”即腾笼换鸟、机器换人、空间换地、电商换市、培育名企名家名品。

④ “四边三化”即在全省公路边、铁路边、山边、河边等区域开展洁化、绿化、美化行动。

企业三年成长计划、“八大万亿产业培育”[①]、特色小镇等为主要内容的转型升级组合拳。其中，“五水共治”是建设“美丽浙江”的战略重点，是经济和环境共赢、发展和保护协同的重大战略举措。浙江省在推进“五水共治”的过程中，始终坚持以项目化责任制为推进方式，实施“十百千万治水大行动”，确保项目落地、协调推进。“五水共治”在倒逼浙江产业转型升级、改善

① “八大万亿产业培育”即大力发展信息、环保、健康、旅游、时尚、金融、高端装备制造业和文化产业。

全省生态环境等方面发挥了重要作用。浙江多地的实践表明，只有把治水作为转型升级最关键的突破口，才能真正走出一条“绿水青山就是金山银山”的发展新路。

2016年，浙江省委、省政府出台《浙江省深化美丽乡村建设行动计划(2016—2020)》。同年，浙江深化开展美丽乡村示范县创建，有效推进了美丽乡村升级版的打造。

深化践行“两山”理念

2017年，浙江省委对湖州市提出成为践行“两山”理念样板地、模范生的新要求。自此，湖州市持续践行“两山”理念的创新举措令人振奋:深入推进“中国制造2025”试点示范城市建设,以绿色智造为主线,着力打造绿色低碳产业体系,大力发展信息技术、高端装备、生物医药三大新兴产业,全力创造发展新业绩;扎实开展专项行动,在推进剿灭劣五类水、农业面源污染治理等行动的基础上,进一步开展废弃矿山复绿、山体保护等专项行动,为一方百姓守护好绿水青山;统筹抓好经济、改革、民生、平安、生态、党建“六张报表”,以为民务实的作风努力塑造新形象;把“最多跑一次”改革作为重大牵引,以党员干部的“辛苦指数”换得群众的"幸福指数",奋力走好新征程;加强践行"两山"理念的顶层设计,切实强化生态文明共识,着力打通"两山"转化的通道,率先努力走向社会主义生态文明新时代。

2017 年浙江省第十四次党代会报告指出,今后五年的主要任务之一,就是要深入践行"绿水青山就是金山银山"的重要思想,大力开展"811"美丽浙江建设行动,积极建设可持续发展议程创新示范区,推动形成绿色发展方式和生活方式,为人民群众创造良好生产生活环境。实施"碧水蓝天"工程,以治水、治气为重点,统筹抓好治土、治固废等环境治理工作，促进生态环境面貌实现根本性改观。统筹推进“山水林田湖”生态保护和修复，严守生态保护红线，健全完善跨区域生态补偿机制，加大对重要生态功能区、生态环境敏感区和脆弱区的保护力度，全面提升森林、河流、湿地、海洋等自然生态系统稳定性和自然服务功能。深入开展小城镇环境综合整治，深化美丽乡村建设，推行城乡生活垃圾分类化减量化资源化无害化处理，落实农村生活污水治理设施长效运维管护机制，使全省城乡面貌实现大变样。谋划实施“大花园”建设行动纲要，把生态经济培育成为发展的新引擎。大力发展全域旅游,积极培育旅游风情小镇,推进万村景区化建设,提升发展乡村旅游、民宿经济,全面建成"诗画浙江"中国最佳旅游目的地。加快交通与旅游融合发展,实施"万里绿道网"工程,持续推进"四边三化"和平原绿化,建成覆盖全省、环境优美的绿道网、景观带、致富线。

浙江省委、省政府坚决扛起习近平生态文明思想重要萌发地的使命担当,坚定不移推进浙江省生态文明建设继续"走在前列"。积极探索生态环境系统治理之道,以蓝天、碧水、净土、清废四大行动为重点，坚决打赢污染防治攻坚战。用制度创新破解环境与发展难题、增添新动力，特别是以“最多跑一次”改革撬动生态领域改革，走在了全国前列。浙江持续深化生态文明示范创建，扎实推进部省共建美丽中国示范区，使美丽建设成为浙江的靓丽名片。在经济健康发展的同时，浙江省环境质量持续改善。2018 年，全省“水十条”“气十条”考核优秀，水质考核结果位列全国第三，居海南、西藏之后；空气质量在长三角区域率先提前达标，全国重点城市空气质量排名前 20 位的，浙江省有舟山、丽水、台州、温州、衢州 5 市，数量为全国最多；生态环境质量公众满意度平均得分 82.85，连续 7 年持续提升。环境整治倒逼产业转型升级实现突破，特别是传统产业焕发出新的生机活力，环境资源配置进一步优化。从城市到乡村，美丽建设系列化推进，各类生态示范创建行动深入实施，城乡人居环境不断改善，城乡居民获得感明显增强。

当前，浙江省正处于"两个高水平"建设的交汇期，生态文明建设也进入压力叠加、负重前行、攻坚突破的关键期和窗口期。站在新时代新起点，浙江省委提出，要将生态文明理念贯穿到政治、经济、文化和社会建设的全过程，高质量推进美丽浙江建设，率先走出一条以人为核心、人与自然和谐共生的省域现代化之路，努力为我国社会主义现代化作出更大贡献。

——综合摘自《“五水共治”：新发展理念的浙江实践》（浙江人民出版社2017年版）、《“两山”重要思想在浙江的实践研究》（浙江人民出版社2017年版）、《理论自信与浙江实践》（浙江人民出版社2017年版）、《坚定不移沿着“八八战略”指引的路子走下去　高水平谱写实现“两个一百年”奋斗目标的浙江篇章——在中国共产党浙江省第十四次代表大会上的报告》(2017年6月12日)、《以习近平生态文明思想为指引,高质量建设美丽浙江》(《政策瞭望》2018年第7期)、《车俊同志在全省高质量建设美丽浙江暨高水平推进"五水共治"大会上的讲话》(2019年5月13日)

后　记

2020年将是习近平同志提出“绿水青山就是金山银山”理念的15周年，为全面深入学习领会“两山”理念的丰富内涵、精神实质和实践要求，坚定不移沿着“两山”理念指引的路子走下去，加快推进高质量发展，坚决摒弃“先污染、后治理”的老路，坚决摒弃损害甚至破坏生态环境的增长模式，浙江生态文明干部学院组织编写了《读懂"两山"理念》。书中有关"两山"理念提出的历史背景、对"两座山"关系的认识过程、十八大以来关于"两山"理念的深化阐述、"两山"理念走向世界,以及"两山"理念的浙江实践等重要问题的阐述、解读,均引自相关文件资料和理论研究成果,供各级党员干部学习参阅。

浙江生态文明干部学院

2019 年 9 月

推荐书目

1. 习近平:《干在实处　走在前列——推进浙江新发展的思考与实践》,中共中央党校出版社2006年版。

2. 习近平著:《之江新语》,浙江人民出版社2007年版。

3. 习近平著:《习近平谈治国理政》,外文出版社2014年版。

4. 习近平著:《习近平谈治国理政(第二卷)》,外文出版社2017年版。

5. "绿水青山就是金山银山"重要思想

在浙江的实践研究课题组编著:《“两山”重要思想在浙江的实践研究》,浙江人民出版社2017年版。

6. 中共中央文献研究室编:《习近平关于社会主义生态文明建设论述摘编》,中央文献出版社2017年版。

7. 中共浙江省委党校、浙江行政学院编著:《理论自信与浙江实践》,浙江人民出版社2017年版。

8. 沈满洪等著:《绿色浙江——生态省建设创新之路》,浙江人民出版社2006年版。

9. 浙江省“五水共治”实践经验研究课题组著:《“五水共治”:新发展理念的浙江实践》,浙江人民出版社2017年版。